季節を愉しむ手づくり石けん

うた（石けん教室「うたたね」）

はじめに

石けんは素材によって、ずいぶん表情が違います。
手触り、洗い上がり、色合い、それぞれの持つ個性。
自分にとって一番の石けんが見つけられたらうれしい。
その素材が形を変えても消えることなく、
素材そのものが残っているような石けんがつくれたらうれしい。

手のひらにおさまる小さな石けんたちを、
そんなことを思いながらつくりました。

頭のてっぺんからつま先までどこでも洗える石けん。
その日の気分で色、香り、形を選んでゆったり愉しむ時間。
こころもからだも心地よい幸せ。

季節を感じながら素材の力を借りて、
こころとからだに美味しい石けんを一緒につくりませんか?

Contents

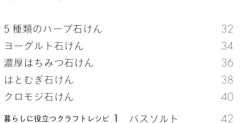

Chapter 5

冬の石けん

Chapter 6

アレンジいろいろ石けん

Let's try!

Chapter 1

手づくり石けんの基本

石けんづくりに使う道具や材料、
身近な自然素材の他、
基本のつくり方、失敗しないコツ
などを紹介します。

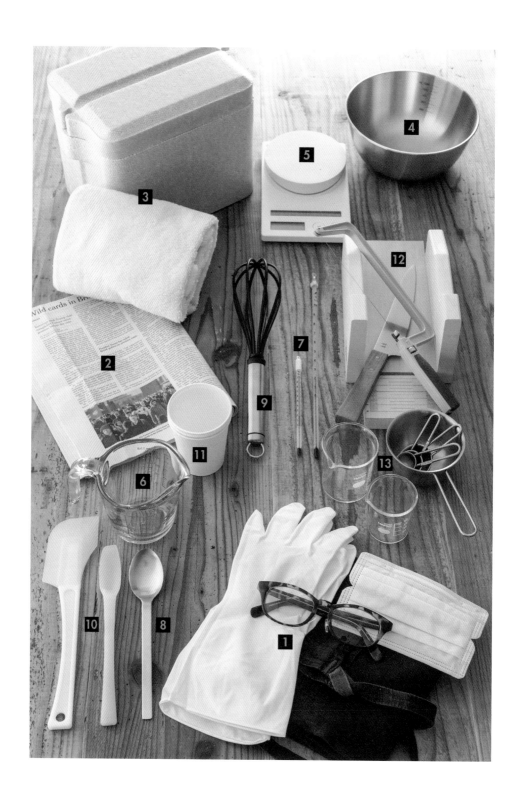

基本の道具

石けんづくりの道具は、キッチンで使っているものがほとんどです。苛性ソーダは強アルカリなので、触れて変質してしまう素材（アルミ・金属・テフロン素材）のものは使用できません。身近なお店や100円ショップなどで道具を揃えることができるので、使いやすい道具を探しましょう。

1 エプロン・マスク・メガネ (ゴーグル)・ゴム手袋
苛性ソーダや石けんの生地から、肌や目・鼻などを保護するために使用。

2 新聞紙
作業台の保護や後片付けに使用。

3 保温できる箱 (発泡スチロール)・タオル (またはブランケット)
石けんの保温に使用。梱包用エアーマットでもOK。

4 ボウル
石けんの生地をつくるときに使用。直径18～20cmくらいの深さのあるボウルがおすすめ。ステンレス、ホーロー、耐熱性ガラス、耐熱性プラスチックはOK。アルミ、金属、テフロン素材は変質の恐れがあるのでNG。

5 電子はかり
材料を量るのに使用。1g単位で表示できるものがおすすめです。

6 耐熱性ガラス・耐熱性プラスチック容器
苛性ソーダ水をつくるときに使用。200ml程度入るものがおすすめ。苛性ソーダ水をつくると温度が急激に上がるので熱に強いものを用意しましょう。

7 温度計 (100℃まで測れるもの)
油脂と苛性ソーダ水の温度を測るのに使用。同時に温度を測るので2本用意しましょう。

8 ステンレススプーン
苛性ソーダ水をつくるときに使用。

9 泡立て器
石けんの生地を混ぜるのに使用。

10 ゴムベラ
石けんの生地を型に入れるときに使用。

11 紙コップ
生地を分ける他、色づけするときに使用。計量カップやビーカーでもOK。

12 包丁・ワイヤーソープカッター・ソープカッター台
石けんを切るときに使用。石けん専用のワイヤーソープカッターやソープカッター台を使うときれいに切れます。

13 計量スプーン・計量カップ
オプション材料を量って加えるのに使用。

基本の材料

手づくり石けん教室「うたたね」で主につくる石けんは、「コールドプロセス（Cold Process）」と呼ばれる製法です。これは、油脂（オイル）と水と苛性ソーダの3つの材料を上手に混ぜ合わせて、化学反応（けん化）でゆっくり石けんにしていく方法。油脂の種類を変えたり、素材や香りをプラスして、自分だけのお気に入り石けんをつくりましょう。

油脂（オイル）

石けんの使い心地を決めるのは油脂（オイル）です。石けんづくりに使える油脂はたくさんあります。泡立ちをよくしたり固さを出したりなど、油脂の特徴を知って自分にぴったりの油脂を探してみましょう。

水（精製水）

苛性ソーダを溶かすのに使用します。水の硬度や塩素・ミネラル分がけん化の邪魔をすることもあるので、精製水を使用しましょう。

苛性ソーダ
（水酸化ナトリウムNaOH）

苛性ソーダの一般名は「水酸化ナトリウム」。この苛性ソーダは、油脂に反応を起こさせ石けんにするために使用します。強アルカリで劇物に指定されており、空気中の水分を引き寄せて熱や刺激臭を発生させるので、取り扱いには十分注意しましょう。薬局で購入するときは、身分証明書と印鑑、使用目的の申告が必要です。

石けんづくりを
はじめる前に
必ずチェック

苛性ソーダの取扱注意事項

1 肌につかないようにするもの（エプロン・ゴム手袋・マスク・メガネなど）を着用

苛性ソーダは肌に付着したり目に入ったりすると、火傷や失明する危険があります。作業中は必ずエプロン、ゴム手袋、マスク・メガネ（ゴーグル）を着用しましょう。万が一、肌などに苛性ソーダ・苛性ソーダ水・石けん生地がついた場合は、すぐに大量の流水で洗い流し、場合によっては医師に診てもらいましょう。

2 作業中は換気扇を回したりして、部屋の換気を

苛性ソーダは水を加えると刺激のある蒸気が出ます。苛性ソーダ水に顔を近づけたり、蒸気を吸い込んだりしないように注意し、必ずマスクを着用しましょう。換気扇のあるキッチンやシンクの中での作業が安心です。

3 新聞紙やビニールクロスなどを敷いた場所で作業する

苛性ソーダ水は無色透明で見えにくく、ついていることに気がつかないことがあります。汚れてもいいように、作業台には新聞紙やビニールクロス等を敷きましょう。

4 熱やアルカリに強い道具を使用

苛性ソーダは劇物扱いの薬品です。強アルカリなので素材によっては劣化したり腐食したりする恐れがあります。石けんづくりでは、熱やアルカリに強いステンレス、耐熱性ガラス、耐熱性プラスチックなどを使いましょう。
※アルミ、金属、テフロン素材は変質の恐れがあるので使用不可。

5 十分な時間とゆったりとした気持ちでつくろう

時間に余裕がないときは事故のもと。毎回注意事項を確認して、愉しく安全に石けんをつくりましょう。

6 子どもやペットが手の届かない場所に保管

一緒に住む家族に、苛性ソーダの取り扱いについて注意が必要なことを話しておくとよいでしょう。また容器に湿気が入らないように気をつけましょう。

石けんの型

石けんの型を選ぶところから、石けんづくりの愉しみが始まります。本書では、牛乳パックとアクリルモールドを使用していますが、身近にあるもので使用できる型はいっぱいあります。お菓子の容器や製菓用のシリコン型、木箱や紙箱やプラスチック（耐熱性）など。木や紙箱などを使用するときは、オーブンシートを切り取って箱の内側全体に敷くと石けんが取り出しやすいです。

よこ型
（カフェハーフタイプ）

手のひらに馴染みやすいサイズ。表面に模様をつけたり、左右から同時に生地を流し込んだデザインの石けんをつくるときにおすすめです。

たて型
（トールハーフタイプ）

カフェタイプを縦長にした形。生地を入れたときに、モールドに接する部分が多くなるため、熱が逃げにくく保温しやすいのが特徴。色を重ねるデザインの石けんを愉しめます。

アクリルモールド

🏪 **カフェ・ド・サボン**

きれいな四角の石けんができるアクリルモールド。本書ではハーフサイズを使用しています。また、本書のレシピはこの型と右の牛乳パックを使用した分量となっています。透明なので中身が見えやすくメモリもついていて、石けんに模様をつけるときにも便利です。

牛乳パックの型のつくり方

石けんづくりがはじめての方は、牛乳パックがおすすめ。
手のひらにおさまる大きさの石けんがつくれます。

材料

牛乳パック1000mℓ×1個、はさみ、テープ、カッター、両面テープ

1

牛乳パックの底の面をカッターで切り落とす。

7cmのところに印をつける

2

底から7cmのところに印をつけ、印をつけたところまではさみで切る。四つ角すべて同様に行う。

3

注ぎ口の面は四つ角を折り目の境まではさみで切る。

内側になる部分に両面テープを貼る

4

底の面と注ぎ口の面を、それぞれ内側に折りたたむ。

5

石けん生地が漏れないように外側からもテープでしっかり固定する。

6

つなぎ目がある部分を残すようにして、3辺（赤色の点線部分）をカッターで切り、蓋をつくる。

7

このままでも型は完成だが、他の牛乳パックのきれいな面から切り取った7cm角の正方形を、両面テープで注ぎ面の内側に貼ると、よりきれいな石けんが出来上がる。

完成！

石けんの基本のつくり方

身近なお店で手に入りやすい油脂を使ったシンプルレシピ。
石けんづくりの手順はとても簡単です。
まずは基本のレシピでシンプル石けんをつくってみましょう。

材料

型：牛乳パック		苛性ソーダ ………………	34g
ココナッツ油 ………………	75g	精製水 ………………	75g
パーム油（またはラード）…………	75g		
オリーブ油（または太白ごま油）…	75g		
こめ油 ………………	25g		

1

材料や道具、型など必要なものを揃える。作業台に新聞紙を敷き、エプロンやゴム手袋、マスク、メガネ（またはゴーグル）を装着する。

※本書ではわかりやすくするために新聞紙を敷いていないが、実際には新聞紙を使用する。

2

ココナッツ油、パーム油など固まっていてボトル容器から出せない固形油脂は、湯せんにかけて溶かしておく。

3

耐熱性ガラスに精製水を75g量り入れる。

苛性ソーダ水をつくる

4

計量カップや紙コップに苛性ソーダを34g正確に量り入れる。このとき、ステンレススプーンを使用し、こぼさないように注意する。

5

苛性ソーダを精製水に少しずつ加える。このときもこぼさないように注意する。

caution!

精製水に苛性ソーダを加えると、刺激のある蒸気を発生させて温度が約80℃まで上昇します。苛性ソーダ水に顔を近づけたり、蒸気を吸い込んだりしないように注意してください。換気扇のあるキッチンやシンクの中での作業が安心です。また、精製水をあらかじめ冷蔵庫でよく冷やしておくと、温度の上昇を少し抑えられます。

6

ステンレススプーンでゆっくりかき混ぜ、苛性ソーダの粒がなくなるまで溶かす。

7

苛性ソーダが溶けたら、温度計を入れて冷水の入ったボウルの中に浸し、40〜45℃くらいになるまで冷ます。

8

ボウルにココナッツ油、パーム油、オリーブ油、こめ油を分量通り量り入れ、ボウルごと湯せんにかける（ココナッツ油やパーム油など固形油脂がある場合は完全に溶かす）。泡立て器で混ぜながら40～45℃くらいまで温める。

石けん生地をつくる

9

苛性ソーダ水と油脂がそれぞれ40～45℃になったら、油脂の入ったボウルに苛性ソーダ水をゆっくり加える。

10

泡立て器を使い混ぜ合わせる。20分はしっかり混ぜる。

caution!

生クリームを泡立てるように勢いよく混ぜず、生地が飛び散らないように混ぜましょう。このとき、ボウルの中でぐるぐると回すように混ぜてください。20分混ぜることでけん化（石けんになる反応）が進み、石けんになっていきます。混ぜるのが足りないと分離しやすくなるので、しっかり混ぜることが大切です。

11

生地がもったりと重くなったら、泡立て器を持ち上げ、表面に生地を垂らしてみる。トレース（太い線の跡）がしっかり残る状態になったら手を止める。

しっかりしたトレースの状態。これくらいのとろみが出るまで混ぜる。

※ゆるめのトレース：表面にうっすらと細い線が残る。色づけや精油を加えるときは、このときに行う。
※しっかりしたトレース：表面に太い線がしっかり残る。型入れOKの合図。

Point

石けんづくりでは、生地が重たくなり、泡立て器からしたたる生地が、表面に跡を残す状態を「トレース」といいます。このトレースが出るまでの時間は、レシピや季節、温度、道具や混ぜ方などで変わります。トレースが出なくて混ぜ続けるのが大変であれば、20分混ぜた後ストップしてもOK。何もしなくても少しずつけん化は進みます。ただし放置しっぱなしはNG。様子を見ながら少し混ぜ、また放置する、というようにトレースが出るまで繰り返してください。もちろんトレースが出るまで混ぜ続けたほうが早く型入れできます。

型に流し入れる

12

石けん生地を型に流し入れる。ボウルに残っている生地はゴムベラでかき集め、すべて型に流し入れ、蓋をして、テープで留める。

13

タオルなどで包んで、保温で
きる箱や発泡スチロールに入
れて2〜3日保温する。

Point

生地を型に入れてからは、けん化が一
気に進み、生地の温度が上がっていき
ます。そして、24時間後には徐々に温
度が下がっていきます。型の外から触
ると、温度が低いようにも感じますが、
中心はまだけん化の途中の場合もあり
ます。そのため、2〜3日（冬場は1週間
ほど）は保温箱から出さず、そのままの
状態でおき、しっかり固めましょう。

後片付けをする

14

石けん生地のついた道具はゴ
ム手袋をして、新聞紙やキッ
チンペーパーなどできれいに
拭き取ってから洗う。

 作業後のスケジュール

1	保温を続ける（2〜3日）。※冬場は1週間程度。

▼

2	石けんを取り出して表面を乾燥させる（1〜2日）。

▼

3	包丁などでお好みの大きさにカットする。日の当たらない風通しのよい場所で熟成・乾燥させる（4週間）。

▼

4	完成！　使用可能になる。

▼

5	冷暗所で保管。使用期限の目安は約1年間。

熟成・乾燥

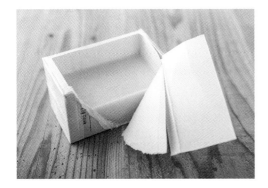

1

ゴム手袋を着用し、保温した箱から型を取り出す。生地が固まっていたら型から取り出し、1〜2日ほど表面を乾燥させる。

2

表面が乾いたら、ゴム手袋を着用し、包丁やワイヤーソープカッターを使って、お好みの大きさに切り分ける。

Point

使用する前にはパッチテストを行いましょう。つくった石けんを泡立て、腕の内側など皮膚のやわらかい部分にのせて、24時間後、赤みや痒みなどの異常がないか反応を見ましょう。

3

切り分けた石けんはトレイや木箱などに並べておき、日の当たらない風通しのよい場所で4週間熟成・乾燥させる。

完成！

保管

石けんの寿命は、油脂や入れた素材によって変わりますが、1年を目安に使い切りましょう。天然のグリセリンを多く含むため、空気中の水分を引き寄せて、水滴がついたりぬるぬるしたりする場合があります。湿気の多い夏などは特に注意して、日の当たらない風通しのよい乾燥した場所で保管してください。茶色いシミや酸化した臭い（油くさい）など違和感があれば、肌には使わず、掃除用石けんとして使いましょう。

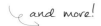

自然素材で色をつける方法

色が出る自然素材はたくさんあります。例えばカレンデュラやローズマリーなど、脂溶性成分のある植物は色が出やすく、自然なやさしい色合いの石けんになります。また、自然素材で色をつけた石けんは、空気や日光に含まれる紫外線の影響で、時間の経過とともに退色していきます。花、葉、根、茎、木、土などの自然の持つやわらかな色合いの変化も愉しんでみてください。

パウダーの色のつけ方

ハーブやスパイスなどをパウダー状にしたものは、簡単に色をつけられます。生地にパウダーを入れて混ぜるだけではダマになりやすいので気をつけましょう。

1 生地にゆるめのトレースが出たら、色づけを行う。まずは紙コップに生地を用意。小さなスプーンで紙コップと生地の境目に少量のパウダーを入れる。

2 スプーンの背を使いながら、パウダーを紙コップに擦りつけるようにしながら、少しずつ生地に馴染ませていく。パウダーのダマや固まりがなくなったら、生地全体に混ぜ合わせる。

※ボウルで色をつける場合も同じ要領で行う。
※本書に記載の素材やパウダーなどは、一度に全部入れず、少量ずつ加える。
※クレイは少量の水に溶かしてから入れると、ダマになりにくい。

蒸留水のつくり方

蒸留水とは、ハーブ（芳香植物）を蒸留することにより得られる芳香性の水溶液のこと。石けんの素材として利用する他に、化粧水や入浴剤として使用することも可能です。

使用する分量の目安

水300gに対し、ハーブ30〜50g

1 鍋の中に水300gを注ぎ、蒸し皿をのせ、その上に耐熱性のコップや瓶をおく。

2 コップのまわりにハーブを敷きつめ、ボウルで蓋をするようにかぶせる。

3 ボウルの中に氷を入れ、鍋を火にかける。湯が沸騰しはじめたら弱火に。水蒸気がボウルの底で水滴となり、コップにたまっていく。30分〜1時間ほどで蒸留水が出来上がる。

※あくまでも目安。使用する鍋やハーブによって分量は調整する。
※できるだけ早く使用する（使用期限の目安：冷蔵庫保管1週間）。

浸出油（インフューズドオイル）のつくり方

浸出油（インフューズドオイル）とは、植物やドライハーブを植物油に漬けて有効成分を抽出したものです。石けんの材料としてだけでなく、そのまま肌に塗ってマッサージオイルとして使用したり、クリームやリップクリーム、調味料としても使用できたりします。浸出油は、温めて抽出する「温浸法」と常温で抽出する「冷浸法」の2つのつくり方があります。植物によってどちらの方法でつくるか決めるのですが、最初のうち、その判断はけっこう難しいもの。そこで、果実や根、茎など抽出しにくいものは「温浸法」、花びらややわらかな葉などは「冷浸法」と覚えておくと便利です。人によってつくり方がいろいろあるので、特に決まりごとはありません。自分に合う方法が一番だと思うので、ぜひいろいろ試してみてください。使用する植物油は、酸化しにくいオリーブ油や太白ごま油がおすすめです。

使用する分量の目安

植物油100gに対し、ドライハーブ5〜10g・生葉20〜30g

※あくまでも目安。素材がしっかり植物油に漬かるようにする。植物油に漬かっていない部分があると、カビが発生しやすくなるので気をつける。
※植物やドライハーブなどの素材は、なるべく細かくしたほうが抽出しやすい。
※冷暗所で保存（使用期限の目安：3ヶ月）。

温浸法でのつくり方

清潔な瓶に素材と植物油を注ぎ入れ、ときどき混ぜながら弱火で1時間ほど湯せんにかける。火からおろし冷めたらすぐに使用できるが、直射日光の当たらない場所で1週間ほどおくと香りが落ち着く。その際は1日1回瓶を振ること。使用するときにコーヒーフィルターや不織布・茶こしなどで漉す。

冷浸法でのつくり方

清潔な瓶に素材と植物油を注ぎ入れ、直射日光の当たらない温かい場所で2週間〜1ヶ月ほどおく。1日1回瓶を振ること。使用するときにコーヒーフィルターや不織布・茶こしなどで漉す。

油脂素材

石けんづくりに使用する油脂（オイル）の特徴を紹介します。
特徴を知ると、自分がつくりたい石けんが想像できるように
なるので、ぜひいろいろ試してみてください。

ココナッツ油	ココヤシの果肉から採れる油脂。泡立ちがよく固い石けんになる。
パーム油	アブラヤシの果肉を脱色精製した油脂。溶けにくく固い石けんになる。パーム油のみでつくられている有機ショートニングで代用可。ただし、購入するときには原材料を確認し、パーム油のみと記載してあるものを購入すること。
ラード	豚の油脂。動物性なので人の皮膚に近く浸透しやすく肌あたりがやさしい。パーム油と同じく固い石けんになる。
オリーブ油	オリーブの果実から採れる油脂。オレイン酸を多く含み、保湿効果が高く洗浄力もある石けんになる。本書ではピュアオリーブ油を使用。
ひまわり油	ひまわりの種子から採れる油脂。オレイン酸を多く含むハイオレイックとリノール酸を多く含むハイリノールの2種類がある。ハイオレイックはオリーブ油と似ていて、保湿が高く洗浄力もある。ハイリノールは刺激の少ないクリームのような泡ができる石けんになるが、ハイオレイックに比べトレースが出るのが遅く酸化しやすい。本書ではハイオレイックを使用しているが、どちらでも使用可。
太白ごま油	ごまの種子から採れる油脂。生のまま搾っているため無色透明。リノール酸を多く含み、きめ細かい泡立ちでさっぱりした洗い心地の石けんになる。
スィートアーモンド油	アーモンドの種子から採れる油脂。保湿力が高いクリーミーな泡立ちの石けんになる。くせがないため肌質を選ばない。
こめ油	米の胚芽から採れる油脂。ビタミンEを多く含み、泡立ちがよくさっぱりした洗い心地の石けんになる。

ひまし油	トウゴマの種子から採れる油脂。粘度が高く水分を引きつけるので、保湿効果が高く大きな泡を持続する石けんになる。
マカダミア ナッツ油	マカダミアの実から採れる油脂。皮膚の細胞の再生を助けるパルミトレイン酸を多く含んでいる。保湿力が高くしっとりとした洗い心地の石けんになる。
アボカド油	アボカドの果実から採れる油脂。ビタミンを多く含み、少しとろみがありしっとりと潤いのある石けんになる。本書では未精製を使用。
ココアバター (カカオバター)	カカオ豆から採れる油脂。皮膚の上に薄い保護膜をつくる固い石けんになる。秋冬向き。
シアバター	シアの木の実から採れる油脂。肌に保護膜をつくり潤いを与えてくれる。溶けにくく固い石けんになる。クリームや化粧品の材料としても使用されている。秋冬向き。
ホホバ油	ホホバの種子から採れる植物性液状ワックス。肌馴染みもよく、さらりとした使い心地。本書ではトレースが出た生地に入れるスーパーファット（過剰油脂）で使用。保湿効果をUPしてくれる。
レッドパーム油	アブラヤシの赤い果肉から採れる油脂。未精製。カロテンやビタミンEが豊富で、肌の修復作用に効果がある。配合するとオレンジ色の溶けにくく固い石けんになる。本書では、色づけで使用。

自然素材

身近なお店で買える自然素材を集めてみました。手づくり石けんに使える自然素材は、たくさんあります。色づけや使い心地をよくするのにも有効なものばかり。そして、自然素材はやさしい素朴な味わいの石けんになるのが魅力です。

食材 　食材の持つはたらきで、心地よい石けんをつくりましょう。

ヨーグルト	やさしいピーリング効果がある。古い角質を無理なく落とし、肌のくすみを取って、透明感を出す。きゅっきゅっとした洗い心地の石けんになる。
バナナ	ビタミンやミネラルが肌に栄養を与えてくれるバナナ果実。皮膚の自然なターンオーバーを促進してくれる。糖分のおかげで泡もねっとりもっちり。
オートミール	シリアルの一種でオーツ麦(燕麦)を脱穀し加工したもの。古い角質をやさしく取り除き、高い保湿効果と肌のキメを整え、やわらかくしてくれる。水に漬けて一晩おくとオートミルクができる。
はとむぎ	生薬では「ヨクイニン」と呼ばれ、古くから美白やイボの治療に使用されてきた。肌の状態を整える効果が期待できる。
昆布	ミネラルや栄養が豊富。天然保湿成分があり、もっちりねっとりとした石けんになる。本書ではパウダー状にしたものを使用。市販の昆布パウダーでも可。
米ぬか	日本では古くから洗顔に使われ、古い角質を落とすだけでなく、肌に潤いを与える天然の保湿成分セラミドが含まれている。

酒粕	日本酒を絞った後に残る固形物。発酵の過程で生み出されたアミノ酸や酵素で肌を白くする。もっちりとした泡に、つるんとした洗い上がり。冬におすすめの素材。
日本酒	酒粕と同様にアミノ酸や酵素で肌を白くする。細胞の老化を防ぐ効用も。もっちりとした泡に、つるんとした洗い上がりになる。
くるみ	ビタミン、ミネラルや抗酸化物質が豊富に含まれている。渋皮つきのまま挽いたものをやさしいスクラブとして使用。
アボカド	「森のバター」と呼ばれるほど栄養豊富なアボカドの果肉。抗酸化作用を持つビタミンEも豊富に含まれ、血流を促す効果にもすぐれ、乾燥肌におすすめ。
しょうが	インドからマレー半島にかけての熱帯アジアが原産地といわれている。血の巡りをよくし、からだを温める効果がある。
柚子	肌を健やかに整える成分が豊富。ビタミンCがレモンの1.5倍。きゅっきゅっとした洗い心地で、すべすべな肌に導き、爽やかな感覚をもたらす。
ブラックチョコレート	ミルク成分が含まれていないチョコレートを使用。カカオポリフェノール成分が皮膚の炎症を抑え、抗酸化作用があり、保湿力UPや肌のキメを整える効果も期待できる。ニキビ肌にもおすすめ。本書ではカカオ分99％のチョコレートを使用。

黒ごま	種皮の割合が多く黒くて固い。抗酸化作用のあるビタミンEを多く含む。古い角質を除去してくれ、スクラブ効果がある。
コーヒー	臭いや汚れを落とすだけでなく、コーヒーに含まれるカフェインは、むくみ解消や引き締め効果が期待できる。細かい粒はスクラブとして使用でき、肌をやわらかくしてくれる。男性にもおすすめ。
ラム酒	サトウキビを原料としてつくられる蒸留酒。保湿効果の高い石けんに仕上がる。アルコール度数が高いため、石けんに少量加えるとトレースが早くなる。
焼酎や
ウオッカ	チンキ（生薬やハーブをアルコール度数の高いウオッカやホワイトリカーなどに漬けて有効成分を抽出した濃縮液）をつくるのに使用。

糖類	石けんにはちみつや糖類を入れると保湿力がUP。泡立ちのよい石けんが出来上がります。
はちみつ	糖分が保湿力を高め、泡立ちがよくしっとりした甘い香りの石けんに。抗菌・抗炎症効果も期待できる。
黒糖	古くから美肌や美白によいと重宝されている。肌のキメを整え、潤いを与える保湿効果もある。石けんシャンプーにもおすすめ。
黒蜜	黒糖と水で煮詰めたもの。黒糖と同じ効果が期待できる。泡立ちがよく、しっとりした洗い心地に。
メープル
シロップ	サトウカエデなどの樹液を濃縮したもの。メープルシロップには等級があり収穫時期や色、風味などで決まるきめ細かい泡のしっとりした洗い心地に。

スパイスやパウダー →	料理にも使われるスパイスやハーブは石けんの色づけに使用します。自然素材のやさしい色合いに仕上がります。

ターメリックパウダー	ウコンの地下茎をパウダー状にしたもの。抗酸化作用があり、肌のトラブルによいといわれている。美白効果も期待できる。
シナモンパウダー	肉桂（にっけい）の樹皮を乾燥させパウダー状にしたもの。生薬では「桂皮（けいひ）」と呼ばれ、血の巡りをよくし、からだを温める効果がある。
ジンジャーパウダー	しょうがを乾燥させパウダー状にしたもの。生しょうがと同じく血の巡りをよくし、からだを温める効果がある。
よもぎパウダー	自然の力をいっぱい持っている山野草。中でも「ハーブの女王」と呼ばれるよもぎ。よもぎには抗菌・消臭作用や保湿効果があり、肌のトラブルによいといわれている。
抹茶パウダー	殺菌・消臭効果のあるカテキンが主な成分。皮膚の酸化を防ぎ、ハリのある肌に。
竹炭パウダー	肌の毛穴につまった汚れや皮脂・古い角質を吸着してくれる。消臭効果がある。
ココアパウダー	チョコレートのような甘い香り。石けんの色づけによく使われる。ピュアココアや純ココアを使用。
ブラックココアパウダー	真っ黒なココアパウダー。カカオの甘い香りはほとんどなく、色づけに使用。

ほうれん草パウダー	ほうれん草を乾燥させパウダー状にしたもの。緑色の色づけに使用。
あずきパウダー（さらしあん）	あずきをまるごと粉砕してパウダー状にしたもの。成分の一つサポニンに、余分な皮脂や汚れを落とす力があり、古くから洗顔に使われてきた素材。
塩	毛穴や肌を引き締めてくれる収れん効果があり、きめ細かいつるんとした肌に導いてくれる。本書ではパウダー状の「雪塩」を使用しているが、手に入りにくい場合は、なるべく粒子の細かい天然塩を使用すること。
バニラビーンズ	甘いバニラの香りをつける食材。使用するときには黒くて長い棒状のさやにつまっている小さな種を取り出す。特徴的な甘い香りにはリラックス作用があり、こころを満たしてくれる。

ハーブ

色合いや質感を出す他、油脂に漬け込んだエキスを抽出するのに用いるハーブは、手づくり石けんの愉しさを広げてくれます。

カモミール	リンゴに似た甘い香り。痒みや炎症を和らげ、乾燥肌をしっとり整える。
ローズマリー	若返りのハーブ。抗酸化作用があり、肌を引き締め、くすみを改善する。すっきりとした香りはリフレッシュ効果がある。
カレンデュラ	天然のカロテンを含み「皮膚のガードマン」とも呼ばれる。傷ついた皮膚や日焼けなどの炎症を鎮め、肌を保護してくれる。
ラベンダー	リラックス効果の高いハーブ。日焼けや皮膚の炎症を鎮め、スキンケアにも利用されている。防虫効果もある。

ペパーミント	爽快な香りはリフレッシュ効果がある。殺菌作用もあり美白・美肌の効果が期待できる。
クロモジ	昔から石けんや香水に使われてきた和ハーブ。保湿作用と抗炎症作用を持ち、肌トラブルの改善にも効果的。本書ではクロモジ茶を使用。
どくだみ	古くから「十薬」と呼ばれる生薬。殺菌・抗酸化作用があり、あせも・ニキビ・肌荒れ・虫刺されなど肌トラブルに効果がある。花が咲くころが、一番薬効が強いといわれている。美白・美肌の効果も期待できる。

その他	地球上にある粘土やみつばちの巣から採れたロウなど、石けんやクラフトに使える素材は他にもあるので、いろいろ試して愉しんでください。
クレイ（ピンク・ローズ・グリーン・イエロー・ホワイト）	ミネラル分をたっぷり含んだ粘土をパウダー状にしたもの。吸収・吸着にすぐれ、汚れ落ちのいい石けんにしてくれる。やわらかい温かみのある色合いになる。色だけでなく採取できる場所で成分や効果に違いがある。
シークレイ（沖縄クチャ）	海で採れたミネラルたっぷりのクレイ。沖縄クチャは沖縄でしか採れない希少価値の高いもの。粒子が細かく、汚れの吸着性にすぐれている。
みつろう	みつばちの巣から採取したロウ。皮膚をやわらかくさせ穏やかな抗菌作用がある。リップクリームなどの化粧品に使用。石けんに少量加えると固める効果がある。精製した白色、未精製の黄色がある。
MPソープ（グリセリンソープ）	溶かして（Melt）注いで（Pour）つくれる、保湿成分グリセリンが豊富な固形石けん素地。湯せんや電子レンジで溶かして使用できる。

Chapter 2

春の石けん

窓から差し込む日差しもすっかり春めいて。
こんな時季の石けんづくりは
なんだかいつもより愉しい。
やわらかな草、色とりどりの花。
清々しい気持ちで手づくりを愉しみましょう。

自然の恵みをたっぷり漬け込んだ
ハーブのオイルを使った石けん。
ハーブのやわらかい泡が
肌をやさしく包んでくれます。

5種類のハーブ石けん
Herb Soap

材料

オリーブ油 (ハーブ浸出油) ……………… 115g	苛性ソーダ……………… 32g	カモミール (ドライ) ……… 小さじ1
ココナッツ油 ……………… 40g	精製水 ……………… 75g	
パーム油 ……………… 40g		
スィートアーモンド油……… 30g		
ひまし油 ……………… 25g		

準備

ハーブ浸出油を漉す

ハーブ浸出油は使用する前にコーヒーフィルターや不織布などで漉す。
※ハーブ浸出油で使用しているハーブは5種類のドライハーブをブレンドしているが、分量15gであれば、他のハーブを使っても、1種類のハーブだけの使用でもよい。

カモミール

カモミール (ドライ) 小さじ1は、包丁で細かく刻んでおく。

つくり方

1 「基本のつくり方」の手順**1～11**に従って石けんをつくる。

2 しっかりとトレースが出たら、刻んだカモミールを加え、よく混ぜる。

3 型に流し入れる。

4 蓋をかぶせ、タオルなどで包んで保温する。

5 型出し後カットし、4週間熟成・乾燥させる。

ハーブ浸出油のつくり方

ドライハーブ (材料外15g：カモミール、ローズマリー、カレンデュラ、ラベンダー、ペパーミント) を清潔な瓶に入れる。オリーブ油150g～ (ドライハーブが隠れるくらいの量) を注ぎ入れ、直射日光の当たらない温かい場所で2週間～1ヶ月ほどおく。1日1回瓶を振ること。

ヨーグルト石けん

Yogurt Soap

材料

ひまわり油 ……… 75g	苛性ソーダ ……… 33g	ヨーグルト ……… 30g
ココナッツ油 ……… 50g	精製水 ……… 50g	ホホバ油 ……… 小さじ1
パーム油 ……… 50g		レッドパーム油 ……… 10g
こめ油 ……… 50g		
スィートアーモンド油 ……… 25g		

準備

オレンジ色の石けんをつくる

レッドパーム油（材料外100g）、ココナッツ油（材料外75g）、オリーブ油（材料外75g）、苛性ソーダ（材料外34g）、精製水（材料外75g）の分量で「基本のつくり方」の手順に従って石けんをつくる。型出し後、1cm角の大きさに切る。

ヨーグルト

ヨーグルト30gは常温に戻しておく。

レッドパーム油

レッドパーム油10gは湯せんにかけて溶かしておく。

つくり方

1 「基本のつくり方」の手順1〜11に従って石けんをつくる。

2 ゆるめのトレースが出たら、常温に戻したヨーグルトとホホバ油を加え、よく混ぜる。

3 型に生地170gを流し入れる。

4 残りの生地を2つに分ける。
（A）紙コップに生地50gを取り分け、湯せんにかけたレッドパーム油5gを加えてよく混ぜる。
（B）ボウルに入っている余った生地に、湯せんにかけたレッドパーム油5gを加えてよく混ぜる。

5 （B）のボウルに（A）の紙コップの生地を戻し入れる。

6 ボウルの生地をゆっくり縦に往復させながら型に流し入れる。

7 生地が少し固まりはじめたら、上1cmほどの部分にスプーンの背で中央によせるようにして山をつくる。

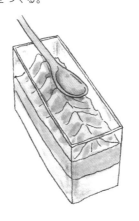

8 山の上部分に1cm角にカットしたオレンジ色の石けんをのせる。

9 蓋をかぶせ、タオルなどで包んで保温する。

10 型出し後カットし、4週間熟成・乾燥させる。

フルーツソースをかけたような
デザートみたいなヨーグルト石けん。
やさしいピーリング効果で
きゅっきゅっとした洗い心地に。
朝のシャワータイムにどうぞ。

季節の変わり目の肌はデリケート。
保湿成分たっぷりのはちみつ石けんで、
肌もこころも甘い香りで癒しましょう。

濃厚はちみつ石けん
Rich honey Soap

材料

ひまわり油	80g	
ココナッツ油	70g	
パーム油	70g	
スィートアーモンド油	20g	
こめ油	10g	
みつろう	5g	

苛性ソーダ	35g
精製水	70g

はちみつ水	30g
MPソープ（クリア）	30g
ターメリックパウダー	適量
シナモンパウダー	適量

準備

MPソープ

MPソープ（クリア）30gは湯せんで溶かし、少量（爪楊枝の先程度）のターメリックパウダーを加え、オレンジ色に色づけする。シナモンパウダーも少量加え、はちみつ色にしておく。

※途中、MPソープが固まってしまったら、再度湯せんで溶かす。

梱包用エアーマット

ハチの巣をイメージした模様をつけるために、石けんの型の大きさに合わせて、梱包用エアーマットをカットする。

はちみつ水をつくる

はちみつ（材料外25g）に水5gほど加え、湯せんで人肌に温める。

つくり方

1 「基本のつくり方」の手順 1～10 に従って石けんをつくる。

2 油脂と苛性ソーダ水が混ざり乳化しはじめたら（3～5分）、はちみつ水を加え、よく混ぜる。

3 しっかりとトレースが出たら、型に流し入れる。

4 流し入れた生地の上に、空気が入らないように梱包用エアーマットをかぶせる。

5 蓋をかぶせ、タオルなどで包んで保温する。

6 保温が完了したら梱包用エアーマットをはがす。

7 色づけしたMPソープを流し入れる。

8 MPソープが固まったら、型から出してカットし、4週間熟成・乾燥させる。

はとむぎ石けん

Coix seeds Soap

材料

オリーブ油（はとむぎ浸出油）	苛性ソーダ 34g	はとむぎ 小さじ1
80g	精製水 75g	
ココナッツ油 60g		
パーム油 50g		
こめ油 50g		
ひまし油 10g		

準備

はとむぎ

はとむぎ小さじ1をミルサーやすり鉢で細かくし、茶こしで振る。落ちてきた細かい粉末を使用する。

茶色の石けんをつくる

「基本のつくり方」の材料と手順に従って石けんをつくる。ゆるめのトレースが出たら、あずきパウダー（材料外小さじ1/2）と黒糖（材料外少々）を加える。型出し後、板状（幅5mm）にカットする。

はとむぎ浸出油を漉す

はとむぎ浸出油をつくり、使用する前に茶こしなどで漉す。

つくり方

1 「基本のつくり方」の手順1〜11に従って石けんをつくる。

2 しっかりとトレースが出たら、粉末にしたはとむぎを加え、よく混ぜる。

3 型に流し入れ、茶色の石けんを中央に差し込む。

4 蓋をかぶせ、タオルなどで包んで保温する。

5 型出し後カットし、4週間熟成・乾燥させる。

はとむぎ浸出油のつくり方

はとむぎ（材料外10g）を清潔な瓶に入れる。オリーブ油90gを注ぎ入れ、弱火で1時間ほど湯せんにかける。直射日光の当たらない場所で1週間ほどおく。1日1回瓶を振ること。

古くから美白や
肌荒れの治療に
よいといわれているはとむぎ。
肌の状態を整えてくれる
効果があります。

Spring/Coix seeds Soap

黒文字石鹸

昔から石けんや香水にも
使われていた和ハーブ。
保湿作用と抗炎症作用を持ち、
肌トラブルの改善に。

クロモジ石けん

Kuromoji Soap

材料

太白ごま油（クロモジ浸出油）
.... 80g
パーム油 60g
ココナッツ油 50g
アボカド油 40g
ひまし油 20g

苛性ソーダ 33g
クロモジの蒸留水 75g

よもぎパウダー .... 少々
※抹茶パウダーでも代用可。

準備

クロモジの蒸留水をつくる

クロモジ茶（材料外30g）を使用。詳しいつくり方はP20の「蒸留水のつくり方」を参照。蒸留水は使用する直前まで冷蔵庫で冷やしておく。
※クロモジ茶をやかんで煮出したものでも代用可。

クロモジ浸出油を漉す

クロモジ浸出油をつくり、使用する前に茶こしなどで漉す。

つくり方

1 「基本のつくり方」の手順1〜11に従って石けんをつくる。ただし、精製水の代わりに冷やしておいたクロモジの蒸留水を使用する。

2 しっかりとトレースが出たら、型に生地1/3量を流し入れる。

3 茶こしによもぎパウダーを入れ、2で流し入れた生地の表面全体にふりかける。

4 残りの生地をスプーンで上から静かに重ねていく。

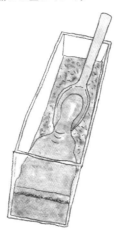

5 蓋をかぶせ、タオルなどで包んで保温する。

6 型出し後カットし、4週間熟成・乾燥させる。

クロモジ浸出油のつくり方

クロモジ茶（材料外10g）を細かくし（枝は手で折る）、清潔な瓶に入れる。太白ごま油90gを注ぎ入れ、弱火で1時間ほど湯せんにかける。直射日光の当たらない場所で1週間ほどおく。1日1回瓶を振ること。

バスソルト

天然塩とクレイを混ぜてつくる簡単入浴剤。新陳代謝をよくし、肌の老廃物を取り去ってくれます。お風呂上がりのからだはポカポカ、肌はすべすべに。

材料（2回分）

天然塩（ロックソルト）	70g
クレイ	小さじ1/4
精油（お好みで）	6滴

つくり方

1 容器に天然塩（ロックソルト）とクレイを入れてシェイクする。

2 精油も加えてよく振る。
〈使用期限の目安：1ヶ月〉

使い方

湯を張った浴槽に、バスソルトを半量（大さじ2）入れる。

● 塩、クレイは金属を浸食し錆びさせる作用があるので、循環式タイプの浴槽には使用不可。

● 浴槽などの材質によっては色がついてしまうことがあるので、注意する。

● 使用後は浴槽を傷めないために追い焚きはせず、早めに水でよく洗い流す。

リップバーム

みつろうと植物油でつくる、シンプルレシピ。
毎日使うものだから、安心して使える素材で。

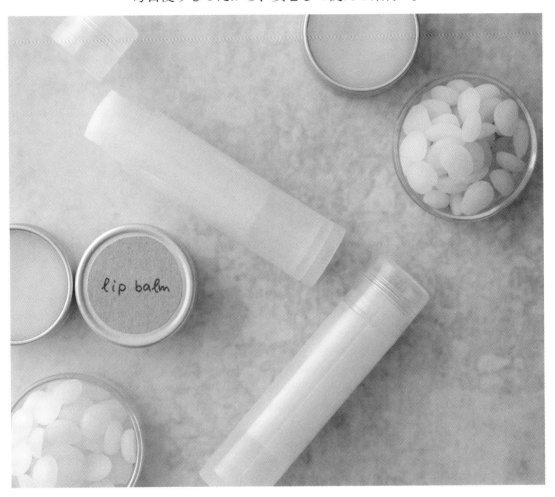

材料（スティック容器2本分）

植物油	8g
みつろう	2g
精油（お好みで）	1滴

つくり方

1 耐熱容器に植物油とみつろうを入れ、湯せんで温め、よく混ぜる。

2 みつろうが溶けたら湯せんからおろし、精油を加える。スティック容器に流し入れ、固まったら出来上がり。

〈使用期限の目安：3ヶ月〉

memo

オリーブ油、マカダミアナッツ油、ホホバ油など熱に強い植物油がおすすめ。5種類のハーブ浸出油（P33参照）でつくるとやさしい香りになる。

Chapter 3

夏の石けん

みずみずしく、緑鮮やかな夏。
蟬が鳴き太陽がカンカンと照る暑い夏でも
元気にしてくれる素材をつめ込んで。

この季節だけのお愉しみ石けん。
古くから「十薬」と呼ばれ、
生薬として活用されてきたどくだみ。
肌トラブルにおすすめです。

どくだみ石けん

Houttuynia cordata Soap

材料

オリーブ油（どくだみ浸出油）
.... 80g
ココナッツ油 70g
パーム油 70g
太白ごま油 20g
ひまし油 10g

苛性ソーダ 34g
どくだみの生茶 75g

どくだみペースト 小さじ1

準備

どくだみの生茶をつくる

鍋に精製水（材料外100g）を入れて火にかける。沸騰したら水洗いして水気を拭き取ったどくだみ生葉（材料外15g）を加える。弱火で約5分煮出す。その後、茶こしで漉す。使用する直前まで冷やしておく。

どくだみ浸出油を漉す

どくだみ浸出油をつくり、使用する前にコーヒーフィルターや不織布などで漉す。

どくだみペーストをつくる

どくだみ浸出油を漉して残った葉と花をミルサーやすり鉢でペースト状にする。

つくり方

1 「基本のつくり方」の手順**1～11**に従って石けんをつくる。ただし、精製水の代わりに冷やしておいたどくだみの生茶を使用する。

2 しっかりとトレースが出たら、どくだみペーストを加え、よく混ぜる。

3 型に流し入れる。

4 蓋をかぶせ、タオルなどで包んで保温する。

5 型出し後カットし、4週間熟成・乾燥させる。

どくだみ浸出油のつくり方

どくだみの葉と花（材料外30g）を水洗いし、水気をとる。清潔な瓶にどくだみを入れ、オリーブ油100gを注ぎ入れ、弱火で1時間ほど湯せんにかける。直射日光の当たらない場所で、1週間ほどおく。1日1回瓶を振ること。

塩と海泥の石けん

Salt and Sea mud Soap

材料

ココナッツ油	75g	苛性ソーダ	35g	天然塩（雪塩）	大さじ1
パーム油	75g	精製水	75g	昆布	小さじ1/2
太白ごま油	50g			シークレイ（沖縄クチャ）	適量
ひまわり油	25g			ピンククレイ	適量
こめ油	25g				

準備

昆布

昆布小さじ1/2をミルサーやすり鉢
で粉末状にする。
※市販の昆布パウダーでも可。

つくり方

1 「基本のつくり方」の手順1〜11
に従って石けんをつくる。

2 ゆるめのトレースが出たら、天
然塩（雪塩）を加え、よく混ぜる。

3 生地を3つの紙コップに同量ず
つ取り分け、素材を加える。
（A）昆布とシークレイ（沖縄ク
チャ）を加えてよく混ぜる。
（B）ピンククレイを加えてよく
混ぜる。
（C）何も加えずによく混ぜる。

4 （A）の生地を型に流し入れる。

5 型を少し傾け（型の下に1.5cm
くらいの高さがある板やタオル
などを挟む）、斜め下から（B）
の生地を縦に往復させながら、
流し入れる。

6 上から5と同じように（C）の生
地を流し入れる。

7 紙コップに残っている生地をか
き集め、小さいスプーンなどで
水玉模様がつくようにのせる。

8 蓋をかぶせ、タオルなどで包ん
で保温する。

9 型出し後カットし、4週間熟成・
乾燥させる。

※つくり方2の生地をすべて型
に流し入れて保温すれば「塩
石けん」が出来上がる。

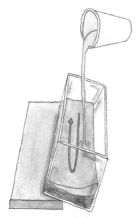

つくり方 5

つくり方 6

つくり方 7

人のからだに近い
ミネラルたっぷりの海の塩と
海底から採れるクレイ（海泥）を
使った石けん。
天然保湿成分の海藻も入れて。
毛穴をきゅっと引き締め、
つるんとした肌にしてくれます。

炭石けん

Charcoal Soap

材料

ココナッツ油	80g	苛性ソーダ	35g	竹炭パウダー	適量
太白ごま油	80g	精製水	75g		
パーム油	70g				
ひまし油	20g				

つくり方

1 「基本のつくり方」の手順1〜11に従って石けんをつくる。

2 ゆるめのトレースが出たら、生地を小さめのボウルに2等分する。
（A）竹炭パウダー小さじ1/8ほどを加え、よく混ぜ、濃いグレーの生地をつくる。
（B）竹炭パウダーを少量（爪楊枝の先程度）加えてよく混ぜ、薄いグレーの生地をつくる。
※竹炭パウダーの量はお好みの色で調整する。

つくり方 3

3 （A）のボウルに（B）の生地大さじ4を1ヶ所にイラストのように入れる。同じく（B）のボウルに（A）の生地大さじ4を1ヶ所に入れる。

4 （A）と（B）のボウルに入った生地をそれぞれ紙コップに入れる（入りきらない場合は、その都度紙コップに入れる）。型の右と左から同時に縦に往復させながら、生地を流し入れる。

5 蓋をかぶせ、タオルなどで包んで保温する。

6 型出し後カットし、4週間熟成・乾燥させる。

つくり方 4

カットの方法

1 型出し後、石けんを上から下に向かってカットする。

2 カットした石けんを90℃回転させて、さらに半分にカットする。

3 カットの向きはさまざまでOK。模様の現れ方の違いが愉しめる（作業するときはゴム手袋着用）。

夏は湿度も高くて、じめじめむしむし。
そんな夏におすすめの石けんです。
肌の毛穴につまった汚れや
皮脂・古い角質を吸着してくれる竹炭。
仕事で疲れたお父さんや
部活で汗をいっぱいかいた学生さんにも。

若返りのハーブ「ローズマリー」。
中世ヨーロッパでは薬草としてローズマリーが
重宝されてきたといいます。
肌にもからだにもメリットが
たくさんのレシピにしました。

ローズマリー石けん

Rosemary Soap

材料

オリーブ油（ローズマリー浸出油）
………… 130g
ココナッツ油 …………… 70g
パーム油 ………… 50g

苛性ソーダ……………… 34g
ローズマリーティー …………… 75g

ローズマリー（ドライ） ⋯⋯ 小さじ1

準備

ローズマリー

ローズマリー（ドライ）小さじ1は、ミルサーやすり鉢で細かくしておく。

ローズマリーティー

ポットにローズマリー（材料外3g）を入れ、熱湯110gを注ぐ。自然と冷めるのを待ち、茶葉を漉す。使用する直前まで冷やしておく。
※市販のローズマリーティーでも可。

ローズマリー浸出油を漉す

ローズマリー浸出油をつくり、使用する前にコーヒーフィルターや不織布などで漉す。

つくり方

1 「基本のつくり方」の手順1〜11に従って石けんをつくる。ただし、精製水の代わりに冷やしておいたローズマリーティーを使用する。

2 しっかりとトレースが出たら、細かくしたローズマリーを加え、よく混ぜる。

3 型に流し入れる。

4 蓋をかぶせ、タオルなどで包んで保温する。

5 型出し後カットし、4週間熟成・乾燥させる。

吊るし石けん

型出し後、約4cm×3.5cmにカット。表面が乾いたら、中がやわらかいうちに割りばしなどで石けんの中央に穴を開ける。麻ひもを通し、4週間熟成・乾燥させる（作業するときはゴム手袋着用）。

ローズマリー浸出油のつくり方

清潔な瓶にドライローズマリー（材料外10g）を入れ、オリーブ油140gを注ぎ入れ、弱火で1時間ほど湯せんにかける。直射日光の当たらない場所で1週間ほどおく。1日1回瓶を振ること。

バナナとオートミールの石けん Banana and Oatmeal Soap

材料

ひまわり油 …………… 80g	苛性ソーダ …………… 35g	バナナ …………… 15g
ココナッツ油 …………… 75g	オートミルク …………… 75g	オートミール …………… 小さじ1
パーム油 …………… 75g		
アボカド油 …………… 20g		

準備

バナナ

バナナ15gは、ミキサーやすり鉢でペースト状にする。

オートミール

オートミール小さじ1はミルサーやすり鉢で粉末状にする。

オートミルクをつくる

清潔な瓶にオートミール（材料外10g）を入れ、精製水（材料外100g）を注ぎ入れる。冷蔵庫に一晩（6〜12時間）おく。茶こしで漉し、使用する直前まで冷やしておく。

つくり方

1 「基本のつくり方」の手順1〜11に従って石けんをつくる。ただし精製水の代わりに冷やしておいたオートミルクを使用する。

2 しっかりとトレースが出たら、バナナとオートミールを加え、よく混ぜる。

3 型に流し入れる。

4 蓋をかぶせ、タオルなどで包んで保温する。

5 型出し後カットし、4週間熟成・乾燥させる。

カットの方法

1 型出し後、カット。やわらかいうちにラップに包み、転がしながら棒状にする。

2 お好みの長さになったら3つにカットし、4週間熟成・乾燥（作業するときは、ゴム手袋着用）。

3 カットの方法はさまざまでOK。四角や棒状にと、いろいろな形を愉しんで。

ビタミンたっぷりのバナナ果実と
植物性ミルク「オートミルク」を使った石けん。
夏の疲れきった肌に栄養を与え、
泡もねっとりもっちりなので、すべすべに。

どくだみチンキ

昔から「万能薬」として使われてきたどくだみチンキ。虫刺され・あせも・ニキビ・肌荒れなど夏の肌トラブルにおすすめ。家に1本あると便利なチンキです。

材料

どくだみ（葉や花）
焼酎やウオッカ（アルコール度数35〜40度）

つくり方

1 どくだみの葉と花を水洗いし、水気をとる。清潔な瓶にどくだみを八分目くらいまで入れ、どくだみがひたひたにかぶるくらいまで、焼酎やウオッカを入れる。

2 毎日1回瓶を振る。1ヶ月後から使用可能。
〈使用期限の目安：約1年間〉
※別のハーブでも同様にチンキをつくることが可能。

使い方

化粧水

精製水45㎖、チンキ小さじ1〜3、グリセリン小さじ1/2を混ぜる（冷蔵庫保管・2週間で使い切ること）。

虫よけスプレー

チンキの2〜3倍の精製水で薄める。お好みで虫の苦手な精油（シトロネラ、ゼラニウムなど）を入れる（冷蔵庫保管・2週間で使い切ること）。

痒み止め・虫刺され

チンキをコットンに含ませ、患部へ。

入浴剤

チンキ大さじ2を浴槽に入れる。

ボディジェル

夏だって保湿は大事！べたべたしないさっぱりした使い心地の
ボディジェルで肌のお手入れしましょう。

材料

精製水	45g
グアガム	0.4g（小さじ約1/8）
精油（お好みで）	5〜10滴

※グアガムは豆科植物であるグアー
の種に含まれる成分からつくられ
る。水に加えるととろみが出る。

つくり方

1 耐熱容器に精製水を入れ、50℃
くらいに温める。

2 1にグアガムをふりかけ、とろ
みが出るまでよく混ぜる。
※ダマができてしまっても大丈
夫。一晩おくと溶ける。冷め
たらお好みで精油を加え、容
器に移して冷暗所もしくは冷
蔵庫で保存。

〈使用期限の目安：1週間〉

memo

季節に合わせて、さっぱり感
を出したいときは、チンキ小
さじ1/2、しっとり感を出し
たいときは、グリセリン小さ
じ1/2と植物油小さじ1を加
える。

秋の石けん

日差しがやわらかく空気も澄んで、
秋の気配を感じるころ。
肌もそろそろ衣替え。
栄養たっぷりの秋の実りの石けんをつくりましょう。

コーヒー石けん

Coffee Soap

材料

ココナッツ油 ……………… 75g	苛性ソーダ ……………… 34g	インスタントコーヒー …… 小さじ1
パーム油 …………………… 75g	精製水 …………………… 75g	コーヒー豆 ………………… 小さじ1/4
オリーブ油 ………………… 50g		
マカダミアナッツ油 ……… 20g		
ココアバター ……………… 20g		
こめ油 ……………………… 10g		

準備

インスタントコーヒー
インスタントコーヒー小さじ1に湯
小さじ1を入れて、溶かしておく。

コーヒー豆
コーヒー豆小さじ1/4は挽いておく。

つくり方

1 「基本のつくり方」の手順1〜11に従って石けんをつくる。

2 ゆるめのトレースが出たら、生地150gを紙コップに取り分けインスタントコーヒーとコーヒー豆(挽いたもの)を加えてよく混ぜる。

3 型を少し傾け(型の下に1.5cmくらいの高さがある板やタオルなどを挟む)、斜め下から紙コップの生地を縦に一往復流し入れる。

4 ボウルから生地大さじ1を取り、紙コップに加えてよく混ぜる。これはグラデーションで石けんの色がだんだん薄くなっていくようにするために行う。

5 3と同じように、紙コップの生地を型に流し入れる。

6 4と同じようにボウルから生地大さじ1を取り、紙コップに加えてよく混ぜ、型に流し入れる。このように、4と5を繰り返しながら、ボウルの生地がなくなるまで流し入れる。

7 蓋をかぶせ、タオルなどで包んで保温する。

8 型出し後カットし、4週間熟成・乾燥させる。

コーヒーには老廃物を排出する利尿作用や、
毛穴の汚れを落とし、肌に弾力を与え、さらに
くすみをなくす効果もあるといわれています。
コーヒーエキスとほんの少し挽いた
コーヒー豆を入れた石けん。
夏の肌を整えて、秋を迎えませんか。

米ぬか石けん

Rice bran Soap

材料

ココナッツ油 ……… 75g	苛性ソーダ ……… 34g	米ぬか（生）……… 大さじ1
ラード ……… 75g	精製水 ……… 75g	日本酒 ……… 小さじ1
こめ油 ……… 75g		
ひまわり油 ……… 25g		

つくり方

1 「基本のつくり方」の手順1〜11に従って石けんをつくる。

2 ゆるめのトレースが出たら、日本酒を加え、よく混ぜる。

3 しっかりとトレースが出たら、生地を2つのボウルに同量ずつ取り分け、一方に米ぬか（生）を加えてよく混ぜる。

4 型に米ぬか（生）の入った生地を流し入れる。その上から、もう一方の生地を流し入れる。

5 蓋をかぶせ、タオルなどで包んで保温する。

6 型出し後カットし、4週間熟成・乾燥させる。

アレンジ：米ぬかのバスボム

材料（直径約7cmの丸型1個分）

重曹 ……… 110g	米ぬか（生）……… 25g	精油（お好みで）……… 10滴まで
クエン酸 ……… 55g	植物油 ……… 小さじ1	ざらめ（飾り用）……… 適量
コーンスターチ ……… 25g	水 ……… 適量	

つくり方

1 重曹、クエン酸、コーンスターチ、米ぬか（生）をポリ袋に入れて袋の上からよくこねる。

2 植物油、精油を加えてよくこねる。

3 少しずつ霧吹きで水を加え、握って軽く固まるくらいにする。このとき、水を入れすぎると発泡するので注意する。

4 飾り用のざらめを入れ、上から3と同じように水を加える。

5 半日〜1日放置して固める。固まったら型から取り出す。

使い方

湯を張った湯船にバスボムを入れる。

使用上の注意

※循環式タイプの浴槽には使用不可。

※米ぬかが排水溝をつまらせる可能性があるので注意。気になる場合は不織布やガーゼ等に包んで使用する。使用後は浴槽を傷めないために追い焚きはせず、早めに水でよく洗い流す。

〈使用期限の目安：2週間〉

日本では古くから洗顔として
使われてきた米ぬか。
肌に潤いを与える天然の保湿成分
「米ぬかセラミド」が
しっとり洗い上げてくれます。

「森のバター」と呼ばれるほど栄養豊富な
アボカドの果肉を入れた石けん。
濃厚で保湿力の高い未精製アボカドオイルは、
カサカサの肌に潤いを与えてくれます。

アボカド石けん

Avocado Soap

材料

ココナッツ油	70g	苛性ソーダ	34g	アボカド	20g
パーム油	70g	精製水	75g	ココアパウダー	適量
アボカド油	70g			ほうれん草パウダー	適量
オリーブ油	30g				
ひまし油	10g				

準備

アボカド

アボカド 20g と精製水（材料外10g）を混ぜ、ペースト状にする。さらに茶こしや裏ごし器で漉すと、きめ細かく均一なペースト状になる。

ほうれん草パウダー

ほうれん草（材料外2〜3枚）を水洗いし、水気をとる。茎と太い葉脈は切り落とし自然乾燥する。もしくは、電子レンジでパリパリになるまで乾燥（500Wで3分ほど。その後様子を見ながら10秒ずつパリパリになるまで加熱）するのも可。乾燥後、手で細かくし、ミルサーやすり鉢で粉末状にする。市販のパウダーでも可。

つくり方

1 「基本のつくり方」の手順 **1〜10** に従って石けんをつくる。

2 油脂と苛性ソーダ水が混ざり、乳化しはじめたら（3〜5分）、アボカドペーストを加え、よく混ぜる。

3 ゆるめのトレースが出たら、生地を取り分け、素材を加える。
（A）紙コップに生地100gを取り分け、ほうれん草パウダーを加えてよく混ぜる。
（B）紙コップに生地80gを取り分け、ココアパウダーを加えてよく混ぜる。
（C）ボウルに残った生地を紙コップに入れて（入りきらない場合は、その都度紙コップに入れる）、何も加えずによく混ぜる。

4 型にほうれん草パウダーの入った（A）の生地を中心からゆっくりと流し入れる。

5 （C）の生地を、**4** と同様に中心からゆっくりと流し入れる。

6 ココアパウダーの入った（B）の生地を、**5** と同様に中心からゆっくりと流し入れる。

7 蓋をかぶせ、タオルなどで包んで保温する。

8 型出し後カットし、4週間熟成・乾燥させる。

バニラビーンズをさやごと漬け込んだ
オイルの入った甘い香りの石けんは、
こころとからだを満たしてくれます。
皮膚の細胞の再生を助けてくれる
マカダミアナッツ油とシアバターも使った
肌に贅沢な石けん。優雅な気分でどうぞ。

バニラ石けん

Vanilla Soap

材料

オリーブ油（バニラ浸出油）	苛性ソーダ 30g	メープルシロップ 小さじ1
120g	精製水 75g	ラム酒 小さじ1
マカダミアナッツ油 50g		
ココナッツ油 30g		
パーム油 30g		
シアバター 20g		
みつろう 5g		

準備

バニラ浸出油を漉す

バニラ浸出油をつくり、使用する前に茶こしなどで漉す。

つくり方

1 「基本のつくり方」の手順**1～11**に従って石けんをつくる。

2 ゆるめのトレースが出たら、メープルシロップとラム酒を加え、よく混ぜる。

3 しっかりとトレースが出たら、型に流し入れる。

4 蓋をかぶせ、タオルなどで包んで保温する。

5 型出し後カットし、4週間熟成・乾燥させる。

バニラ浸出油をつくる

バニラビーンズ（材料外1/2本）に切れ目を入れ、ナイフの背で種をこそげとる。清潔な瓶に種とさやとオリーブ油130gを注ぎ入れ、弱火で1時間ほど湯せんにかける。直射日光の当たらない場所で1週間ほどおく。1日1回瓶を振ること。

木の実の石けん

Nuts Soap

材料

ココナッツ油	65g	苛性ソーダ	33g
パーム油	65g	精製水	75g
オリーブ油	50g	くるみ	小さじ1
マカダミアナッツ油	40g	ココアパウダー	小さじ1/2
スィートアーモンド油	20g	シナモンパウダー	少々
シアバター	10g		

準備

くるみ

くるみ小さじ1はミルサーやすり鉢
で細かくする。

つくり方

1 「基本のつくり方」の手順1〜11
に従って石けんをつくる。

2 ゆるめのトレースが出たら、生
地を3つの紙コップに同量ずつ
取り分け、素材を加える。
（A）細かくしたくるみとシナモ
ンパウダーを加えてよく混
ぜる。
（B）ココアパウダーを加えてよ
く混ぜる。
（C）何も加えずによく混ぜる。

3 型を右に少し傾け（型の下に
1.5cmくらいの高さがある板や
タオルなどを挟む）、斜め下から
（A）の生地半量を縦に往復させ
ながら、1本の線を描くように
流し入れる。

4 型を左に少し傾け（3と同様の方
法で）、斜め下から（C）の生地半
量を縦に往復させながら、1本の
線を描くように流し入れる。

5 型を右に少し傾け（3と同様の
方法で）、斜め下から（B）の生
地半量を縦に往復させながら、1
本の線を描くように流し入れる。

6 3〜5の手順（傾ける方向はすべ
て反対側に）をもう一度繰り返し
て、型に生地をすべて流し入れる。

7 蓋をかぶせ、タオルなどで包ん
で保温する。

8 型出し後カットし、4週間熟成・
乾燥させる。

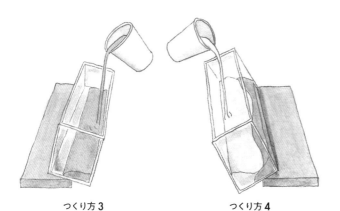

つくり方3　　　　　　つくり方4

つくり方5

つくり方6

秋から冬に変わるこの季節、
森からの贈り物「木の実」を使った
石けんはいかがですか。
木の実から採れる油脂は、
保湿力が高くカサカサの肌に
よい成分がたっぷり。
秋の落ち葉や木の実が
重なりあったような石けんにしました。

木の実のせっけん

ネイルオイル

乾燥しがちなこの季節。指先のお手入れしませんか。
爪の甘皮を保湿し、乾燥を防ぐ爪用オイルです。

材料（ロールオンボトル約5㎖）

植物油 ……………………………… 5㎖
精油（お好みで）………………… 1〜3滴

つくり方

植物油に精油を加え、容器に入れる。

〈使用期限の目安：3ヶ月〉

使い方

ネイルオイルを爪の甘皮部分にコロコロ塗り、指でやさしくマッサージするように、爪全体に馴染ませる。

memo

日中は、肌に馴染みやすく、サラサラしているホホバ油やスィートアーモンド油がおすすめ。

Craft recipe

Craft recipe 6

ナチュラルバーム

頭の先からつま先まで使える万能バーム。
これ一つあれば、いつでもどこでも保湿ケア。

材料（ミニサイズの瓶 30㎖）

植物油 ……………………………… 12g
シアバター ……………………… 10g
みつろう ………………………… 5g
精油（お好みで）……………… 4滴

つくり方

1 瓶にシアバターとみつろうを
入れ、湯せんにかけながらよく
混ぜる。

2 みつろうが溶けたら植物油を
加える。すべてが溶けたら湯せ
んからおろし、精油を加えて固
まったら出来上がり。

〈使用期限の目安：3ヶ月〉

使い方

少量を手のひらに取り、バームを溶か
してから毛先に馴染ませる。また、ハ
ンドクリームやネイルクリームとして
も使える。

memo

植物油の量を増やすとやわら
かめのバームに。シアバター
を植物油に代えると軽めの
バームができる。

Chapter 5

冬の石けん

家の中にこもりたくなる寒い冬は、
お風呂の時間が愉しみな季節。
お気に入りの手づくり石けんでのんびりゆったりと。

日本酒の新酒が出回る11月下旬は、
酒粕も美味しいとき。
肌にうれしい栄養素がたっぷりの酒粕。
もっちりした泡につるんとした洗い上がり、
冬におすすめの石けんです。

酒粕石鹸

無添加

低温製法

酒粕石けん

Sake lees Soap

材料

ラード	80g	苛性ソーダ	33g	酒粕	大さじ1
ココナッツ油	60g	酒粕水	75g		
ひまわり油	50g				
こめ油	50g				
ひまし油	10g				

準備

酒粕

酒粕大さじ1を精製水（材料外大さじ1/2〜1）と混ぜて、ペースト状にする。茶こしなどで裏ごしして、なめらかにする。

酒粕水を漉す

酒粕水をつくり、冷めたら茶こしなどで漉す。自然に落ちてきた分を使う。使用する直前まで冷やしておく。

つくり方

1 「基本のつくり方」の手順1〜11に従って石けんをつくる。ただし、精製水の代わりに冷やしておいた酒粕水を使用する。

2 しっかりとトレースが出たら、酒粕ペーストを加え、よく混ぜる。

3 型に流し入れる。

4 蓋をかぶせ、タオルなどで包んで保温する。

5 型出し後カットし、4週間熟成・乾燥させる。

酒粕水のつくり方

鍋に酒粕（材料外60g）と精製水（材料外180〜240g）を入れ、一晩おき、酒粕をふやかす。酒粕がやわらかくなったら、火にかけ弱火で5分ほど煮る（アルコール分をとばす）。

まるごと柚子石けん

Yuzu Soap

材料

ココナッツ油	75g	苛性ソーダ	36g
パーム油	75g	柚子ペースト	80g
こめ油	40g		
オリーブ油	30g		
太白ごま油	30g		

準備

柚子ペースト

柚子ペーストをつくり、使用すると
きにシャーベット状に解凍する。

つくり方

1 「基本のつくり方」の手順1〜11
に従って石けんをつくる。ただ
し精製水の代わりにシャーベッ
ト状の柚子ペーストを使用する。

2 しっかりとトレースが出たら、
型に流し入れる。

3 蓋をかぶせ、タオルなどで包ん
で保温する。

4 型出し後カットし、4週間熟成・
乾燥させる。

柚子ペーストのつくり方

柚子まるごと100gをざく切り
にし、ハンドブレンダーやミキ
サーにかけてペースト状にす
る。冷凍庫に入れて凍らせて
おく（種が多いときはミキサー
をかける前に取ってもよい）。

柚子型にする方法

型出し後、6等分（約60g）にカット。
やわらかいうちにラップに包み丸
める。好みの形になったらラップを
外し、へた（緑色の石けんを小さく
切ったものか、柚子についている本
物のへた）をつけて、4週間熟成・乾
燥させる（作業するときはゴム手袋
着用）。

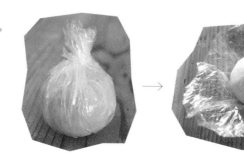

自然の恵みを存分に使いました。
皮も実も種もぜ〜んぶ入れて。
形も本物そっくりの
へたつきまんまる石けんです。

しょうがとターメリックの石けん Ginger and Turmeric Soap

材料

太白ごま油（しょうが浸出油）………… 75g	苛性ソーダ ……………………… 32g
ラード …………………… 60g	精製水 ……………………… 75g
ココナッツ油 ……………… 50g	
スィートアーモンド油 ………… 40g	
こめ油 …………………… 25g	

ジンジャーパウダー ………… 適量
ターメリックパウダー ………… 適量
黒蜜 ……………………… 適量
レッドパーム油 ……………… 適量

準備

しょうが浸出油を漉す

しょうが浸出油をつくり、使用する前にコーヒーフィルターや不織布などで漉す。

レッドパーム油

色を濃くしたい場合はレッドパーム油を使用。ただし、なくても可。レッドパーム油を使う場合は、事前に湯せんで溶かしておく。

つくり方

1 「基本のつくり方」の手順1～11に従って石けんをつくる。

2 ゆるめのトレースが出たら、素材を加える。
（A）生地40gを紙コップに取り分け、黒蜜を加えてよく混ぜる。

しょうが浸出油のつくり方

清潔な瓶に細長く切ったしょうが（材料外25g）を入れ、太白ごま油85gを注ぎ入れ、弱火で1時間ほど湯せんにかける（3日以内に使用する）。

3 残りの生地は2つの紙コップに同量ずつ取り分け、素材を加える。
（B）ジンジャーパウダーを加えてよく混ぜる。
（C）ターメリックパウダーを加えてよく混ぜる。このとき、黄色を濃くしたい場合は、レッドパーム油を数滴入れる。

4 （B）と（C）の生地半量を、型の右と左から同時に縦に往復させながら、流し入れる。

5 流し入れた（B）と（C）の境目に、少し高い位置から（A）を半量流し入れる。このとき、しょうがの形をイメージしながら（A）を流し入れることがポイント。

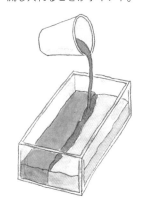

6 4と5の手順をもう一度繰り返して、型に生地をすべて流し入れる。

7 蓋をかぶせ、タオルなどで包んで保温する。

8 型出し後カットし、4週間熟成・乾燥させる。

しょうがは漢方薬にも使われる生薬。
血行をよくして温めたり汗を出したり、
からだをポカポカにしてくれます。

チョコレートってじつは美容効果があるんです。
カカオポリフェノールが、皮膚の炎症を抑えたり、
保湿力UPや肌のキメを整えたりと、肌にいいこと尽くし。
ニキビにも効果的なので男性にもおすすめです。

CHOCOLATE
SOAP

チョコレート石けん

Chocolate Soap

材料

ココナッツ油	60g	苛性ソーダ	35g	ブラックチョコレート	6g
パーム油	60g	精製水	75g	ブラックココアパウダー	
マカダミアナッツ油	40g				小さじ1
ひまわり油	30g				
スィートアーモンド油	30g				
ココアバター	30g				

準備

ブラックチョコレート

ブラックチョコレート6gは細かく
刻み、湯せんで溶かしておく。

つくり方

1 「基本のつくり方」の手順1〜11
に従って石けんをつくる。

2 ゆるめのトレースが出たら、紙
コップに60g取り分ける。

3 ボウルに残った生地に、溶かした
チョコレートとブラックココア
パウダーを加え、よく混ぜる。

4 型にボウルに入っている生地
1/3量を流し入れる。

5 紙コップの生地半量を、型の中
央よりやや左寄りに、1本の線
を描くように流し入れる。

6 5で流し入れた生地の上から、
ボウルに入っている生地1/3量
を流し入れる。

7 紙コップの残りの生地を、型の
中央よりやや右寄りに1本の線
を描くように流し入れる。

8 7で流し入れた生地の上から、
ボウルに残っている生地を流し
入れる。

9 すべて生地が入ったら、上から
まっすぐスプーンを差し、ゆっく
りと2〜3回転させ、生地を動かす。

10 蓋をかぶせ、タオルなどで包ん
で保温する。

11 型出し後カットし、4週間熟成・
乾燥させる。

つくり方9

毛穴の汚れをきれいにしてくれるあずきと
やさしいスクラブ効果のある黒ごまを入れて、
和菓子みたいな石けんにしました。
乾燥する時期に、保湿効果のある
ミネラルたっぷりの黒糖も加えて。

冬の石けん

あずきと黒ごまの石けん

Red beans and Black sesame Soap

材料

ココナッツ油	75g	
ラード	75g	
太白ごま油	60g	
こめ油	20g	
ひまし油	20g	

苛性ソーダ	34g
精製水	75g

あずきパウダー（さらしあん）	小さじ1/2
黒糖	小さじ1/4
黒ごま（すりごま）…	小さじ1と1/2
あずき（粒・飾り用）	3粒

・型の中心に厚紙で仕切りを入れ、動かないように両端を洗濯ばさみなどで固定する。

つくり方

1 「基本のつくり方」の手順1～11に従って石けんをつくる。

2 しっかりとトレースが出たら、生地を4つの紙コップに同量ずつ取り分け、素材を加える。
（A）あずきパウダー（さらしあん）と黒糖を加えてよく混ぜる。
（B）黒ごまを加えてよく混ぜる。
（C）何も加えない生地を用意する（紙コップ2つ分）。

3 （A）と（C）の生地を、仕切りの右と左から同時に縦に往復させながら、ゆっくりとすべて流し入れる。

4 （A）の上に（C）の生地、（C）の上に（B）の生地が入るように、3と同様に（C）と（B）の生地をすべて流し入れる。

つくり方5

5 仕切りをゆっくりとまっすぐ上に引き上げる。

6 蓋をかぶせ、タオルなどで包んで保温する。

7 型出し後カットし、4週間熟成・乾燥させる。

Winter/Red beans and Black sesame Soap

茶巾型にする方法

1 型から出した長方形の石けんを3等分にカットする。

2 あずきと白い生地、黒ごまと白い生地に分かれるように、カットする。

3 やわらかいうちにラップか布で包み、茶巾絞りをする。形が整ったら包んだものを外し、あずきの生地にはあずきの粒をのせて、4週間熟成・乾燥させる（作業するときはゴム手袋着用）。

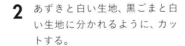

バタークリーム

バターのように伸びて、すっと馴染む保湿力たっぷりのクリーム。
乾燥が気になる前に肌に潤いを与えましょう。

Craft recipe

材料（25g 容器）

シアバター ……………………… 20g
植物油 …………………………… 10g
精油（お好みで）………………… 2〜3滴

つくり方

1 耐熱容器にシアバターと植物油
を入れて湯せんにかけて、混ぜ
ながら完全に溶かす。

2 ボウルに氷水を張り、1の容器
をのせ、冷やしながら泡立て器
でさらに混ぜる。色が白濁して
粘りが出てきたら、すぐに氷水
から出す。
※精油を入れる場合は、ここで
加える。

3 お好みの固さになったら、容器
に移して、冷めたら出来上がり。
〈使用期限の目安：1ヶ月〉

memo

泡立て器の代わりにミルク
フォーマーを使うと短時間で
出来上がる。溶けやすいので、
保存は冷暗所に。夏場は特に
溶けやすいので冷蔵庫保管を。

シュガースクラブ

冬のごわついて固まった角質を、やさしく落としてくれるシュガースクラブ。
乾燥知らずのやわらかい肌を手に入れましょう。

材料（2〜3回分）

砂糖	約50g（大さじ5）
植物油	約36g（大さじ3）
精油（お好みで）	5〜6滴
はちみつ（お好みで）	少々

つくり方

すべての材料を混ぜ合わせる。

〈使用期限の目安：2週間〉

使い方

水で濡らした肌に、やさしく滑らせるようにマッサージして馴染ませる。1〜2分おいた後、ぬるま湯で軽く洗い流す（週2〜3回使用）。

memo

使用するときは強くこすりすぎないこと。お風呂でスクラブを流した後は、植物油で床が滑りやすくなるので十分注意する。砂糖の種類はお好みで。粒子が細かい上白糖は肌にやさしい感触となる。

Chapter 6

アレンジいろいろ石けん

好みやライフスタイルに合わせて、
さまざまな形や使い道があるのが石けんの魅力。
自分だけのオリジナル石けんは
つくるときも使うときもワクワクします。

洗浄力がアップする
ココナッツ油100%の石けん。
固形のまま食器を洗ったり、
細かくして衣類用の粉石けんにしたり。
おうちのお掃除にどうぞ。

洗濯石けん

Washing Soap

固形石けん

材料

ココナッツ油	250g
苛性ソーダ	44g
精製水	75g

つくり方

「基本のつくり方」の手順**1〜13**に従って石けんをつくる。

※固い石けんなので、型出し後のやわらかいうちにカットすること。

※型出し後はすぐに使用可能。作業するときは必ずゴム手袋を着用する。

型

牛乳パック

※このレシピは、他ページのレシピに比べて、かなり固い石けんが出来上がる。そのため、型出ししやすいように牛乳パックを使用。

粉石けん

材料

石けん（上記でつくった固形石けん）	50g
セスキ炭酸ソーダ	50g
重曹	20g
塩	10g

つくり方

1 固形石けんを適当な大きさに切り分け、大根おろし器やチーズおろし器などで細かく削りおろす。

2 材料をすべて混ぜ合わせる。

粉石けんの使い方

少量のぬるま湯で溶かし、洗濯機の中へ入れる。45ℓの水量で大さじ1程度使用。

石けんを削る

粉石けんは、大根おろし器やチーズおろし器などで、細かく削りおろす。細かくした石けんを数日乾燥させ、さらにミルサーで細かくすると、洗濯時に溶けやすくなる。

香りを愉しむ石けん

Soap for enjoying the scents

材料

ココナッツ油 …………… 75g		苛性ソーダ ……………… 34g
パーム油 (またはラード) … 75g		精製水 …………………… 75g
オリーブ油 (または太白ごま油)			
……………… 75g			
こめ油 ……………… 25g			

型

シリコン型 (3×3cm キューブ型)

ピンクの石けん
「穏やか・調和」

ピンククレイ …………… 小さじ1/4
ローズクレイ ……………… 少々
ゼラニウム精油 ……………… 5滴
フランキンセンス精油 ……… 8滴

グリーンの石けん
「リラックス・やすらぎ」

グリーンクレイ ………… 小さじ1/4
ラベンダー精油 ……………… 8滴
ベルガモット精油 …………… 3滴

イエローの石けん
「リフレッシュ・元気」

イエロークレイ ………… 小さじ1/4
スィートオレンジ精油 ……… 6滴
グレープフルーツ精油 ……… 5滴
ペパーミント精油 …………… 3滴

ホワイトの石けん
「リセット・素直」

ホワイトクレイ ………… 小さじ1/4
レモン精油 …………………… 6滴
ローズマリー精油 …………… 5滴
ユーカリ精油 ………………… 3滴

つくり方

1 「基本のつくり方」の手順1〜11に従って石けんをつくる。

2 ゆるめのトレースが出たら、生地を4つの紙コップに同量ずつ取り分け、それぞれクレイと精油を加え、よく混ぜる。

3 しっかりとトレースが出たら、型に流し入れる。

※精油の1滴＝0.05㎖

4 蓋やラップをかぶせ、タオルなどで包んで保温する。

5 型出し後、4週間熟成・乾燥させる。

手づくり石けんは、自分好みの香りを入れて
愉しめることも魅力の一つです。
植物の有効成分がぎゅっと凝縮された天然の香料「精油」。
クレイで色づけしたコロンとした石けんは、
その日の気分に合わせて使えます。

生クリームのような、とろける使い心地。
固形の石けんに比べると泡立ちは少ないけれど
オイルたっぷりなので、
しっとりしたやさしい洗い上がり。
肌に滑らすだけで幸せな気分に。

ホイップクリーム 石けん Whipped cream Soap

材料
石けん …………… 大さじ3（約10g）
植物油 …………… 大さじ2（約20g）
熱湯 ……… 大さじ1〜（約15g〜）
精油（お好みで）…………………… 3滴
はちみつ（お好みで）………… 少々

型
容器（350㎖）

つくり方

1 石けんを大根おろし器やチーズおろし器で細かく削りおろす。

2 ボウルに熱湯と精油以外の材料を入れて、石けんにめがけて熱湯を注ぎ入れる。泡立て器で素早く混ぜる。

3 お好みの固さになったら、精油を加えて混ぜ、容器に入れて出来上がり。

使い方
適量を手のひらに取り、濡れた肌に滑らせるように使う。

〈使用期限の目安：直射日光を避け、湿気の少ない場所で常温保存2週間〉

アレンジ
アレンジ3つの石けんのつくり方は上記と同じ。

・ハーブのホイップクリーム石けん（黄色）
【材料】石けん …………… 大さじ3
ハーブ浸出油 …… 大さじ2
※ハーブ浸出油のつくり方はP33参照。
レッドパーム油 … 小さじ1
熱湯 ………… 大さじ1〜

・チョコホイップクリーム石けん（茶色）
【材料】石けん …………… 大さじ3
植物油 …………… 大さじ2
熱湯 ………… 大さじ1〜
ココアパウダー … 小さじ1

・紫根のホイップクリーム石けん（ピンク）
【材料】石けん …………… 大さじ3
紫根浸出油 ……… 大さじ2
※紫根を使って浸出油をつくる。つくり方はP21参照。
熱湯 ………… 大さじ1〜

石けんの泡立て方
お菓子のホイップクリームをつくるときと同じように泡立てる。泡立てる際には、ボウルを少し傾け、空気を含ませるように混ぜると早くできる。ただし、石けんによって固さが変わるため、熱湯の量を調整して、お好みの固さにする。

ペットボトルでつくる モザイク石けん

Mosaic Soap made with plastic bottle

材料

ココナッツ油	75g	苛性ソーダ	34g
パーム油（またはラード）	75g	精製水	75g
オリーブ油（または太白ごま油）	75g	色のついた石けん	25g
こめ油	25g		

型

ペットボトル 500㎖
（炭酸飲料の固い容器）

準備

色のついた石けん
さまざまな色の石けんを細かく包丁
で刻んでおく。

ペットボトル
炭酸飲料の固いペットボトル 500㎖
を水できれいに洗い、乾かしておく。

つくり方

※つくり方 **1～3** は「基本のつくり
　方」参照。

1 苛性ソーダと精製水を合わせて、
　苛性ソーダ水をつくる。

2 油脂を湯せんにかけて溶かし、
　40〜45℃になったらペットボ
　トルに漏斗を差し込み、材料の
　油脂を分量通りすべて入れる。

3 苛性ソーダ水の温度が40〜
　45℃になったら、苛性ソーダ水
　をペットボトルに加える。

4 蓋をしっかりと締め、全体をポ
　リ袋で覆いタオルに包む（温度
　を下げないようにする）。万が一、
　蓋が外れたり生地が濡れたりし
　ても安全なようにポリ袋を使用
　する。

5 ペットボトルを振る（最初の10
　分は手を止めずに、しっかり
　振って混ぜる）。
　※このときペットボトルを激し
　く振る必要はない。中の油脂
　が混ざり合うように、上下も
　しくは左右に振って混ぜる。
　ゆっくりでもOK。

6 しっかりとトレースが出たら、
　刻んでおいた色のついた石け
　んを加えて振り混ぜる。
　※ここで型に流し入れても可。

7 ペットボトルをタオルなどで包
　んで保温する。

8 保温後、ペットボトルをカッ
　ターなどで切り、石けんを取り
　出す。

9 お好みの大きさに切り分け、4
　週間熟成・乾燥させる。

ペットボトルで簡単石けんづくり。
道具も少ないから片付けも楽ちん。

粘土のようにコネコネ混ぜるだけで
簡単にできる石けん。
ハーブや浸出油を加えて、
自分好みの石けんづくりにチャレンジを。

手ごね石けん

Hand kneading Soap

材料

石けん（または石けん素地）	植物油（または湯）	精油（お好みで）
……………………………… 50g	……………………… 小さじ1〜	………………………………… 5滴

つくり方

1 石けんを大根おろし器やチーズおろし器で細かく削りおろす。

2 ポリ袋に石けんを入れ、植物油（または湯）を加えてよくこねる。
※固さを調整したいときは、植物油（または湯）の量で調整する。

3 精油を加え、さらにこねる。

4 耳たぶくらいの固さになったら袋から出し、好きな形に整える。

5 日の当たらない風通しのよい場所で、2〜3日乾燥させる。

※精油の1滴＝0.05mℓ

アレンジ

・ターメリックとクミンの手ごね石けん

【材料】 手ごね石けん生地 …… 50g
ターメリック ………… 適量
クミン ………………… 適量

つくり方

1 上記のつくり方の手順1〜4に従って、手ごね石けん生地をつくる。

2 生地を2等分し、それぞれにターメリックとクミンを加えて混ぜる。

3 ターメリックとクミンの生地を合わせて、好きな形に整える。

4 日の当たらない風通しのよい場所で、2〜3日乾燥させる。

・うずまきの手ごね石けん

【材料】 手ごね石けん生地 …… 50g
ローズクレイ ………… 適量

つくり方

1 上記のつくり方の手順1〜4に従って、手ごね石けん生地をつくる。

2 生地を2等分し、一方にローズクレイを加えてピンク色の生地に、もう一方は何も加えない。

3 ピンク色と白色の生地を、それぞれ厚さ1cmに伸ばし、貼り合わせて巻き込み、うずまき模様にする。

4 日の当たらない風通しのよい場所で、2〜3日乾燥させる。

・ハーブの手ごね石けん

【材料】 手ごね石けん生地 …… 50g
ドライハーブ ………… 適量

つくり方

1 上記のつくり方の手順1〜4に従って、手ごね石けん生地をつくる。

2 ドライハーブを加えて混ぜる。

3 型抜きなどで、好きな形に整える。

4 日の当たらない風通しのよい場所で、2〜3日乾燥させる。

ラッピングの基本

教室では、手に入りやすい素材を使って、簡単なラッピング方法をお伝えしています。まずは仕上がりをイメージすることからはじめましょう。つくった石けんが柚子石けんなら本物の柚子に見えるように、米ぬか石けんなら米袋に入れたらかわいくなるかな、と想像しながらつくっていきます。色紙や和紙、折り紙などで包むときは、石けんをクッキングシートかワックスペーパーで包みます。クッキングシートを使うことで、石けんにせずに少し残しておいた油脂が、染み込みにくくなります。ラッピングは、シンプルなままでもよいですが、アイテムやラベルをプラスするとさらに見た目がかわいくなり、オリジナリティを出せます。ラベルは無料で使えるフリー素材がネットにあるので、イメージにあったラベルを探してみてください。石けんをかわいく着飾ったら、愛おしさも倍増。大切な誰かにプレゼントしたり、自分のためにとっておいたり。ぜひ石けんづくりとあわせてラッピングも愉しんでください。

米袋風ラッピングの つくり方

準備

石けんをクッキングシート（またはワックスペーパー）で
包んでおく。

1 紙を3つ折りにする。右を上
にしてのりづけし、筒状にする。

2 下から2.5cmを折る。

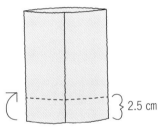

2.5cm

3 開く。

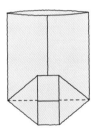

4 上側を中心より少しだけ出し
て折る。

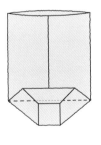

5 下側も**4**と同じように折って
のりづけする。袋ができる。

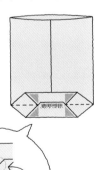

中心に
角がくるように
重ねるときれい

6 中に石けんを入れて、ひもに
袋の口をくるくると巻きつける。

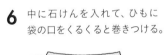

完成！

7 少し絞って結ぶ。
ラベルを貼って
出来上がり！

石けんづくりの
Q & A

石けんをつくりはじめてみると、
いろいろ疑問点が出てきます。
ここでは、教室の生徒さんからよく聞かれることを
中心に回答いたします。

Q1 レシピに記載のない油脂（オイル）を代用して使ってもいいですか？

代用可と記載がない油脂は代えることができません。油脂の種類によって、石けんにするための苛性ソーダの量が異なるからです。油脂が石けんになるために必要なアルカリ量を「けん化価」といいます。これは、油脂ごとに異なるので、油脂を代える場合はアルカリ計算機（「カフェ・ド・サボン」と「いまじん」のHP内にもあります）で計算して、苛性ソーダの量を算出してください。

Q2 石けんづくりによく書かれている「けん化率」とは何ですか？

Answer

油脂を石けん（けん化）にする割合のことを「けん化率」といいます。本書のレシピのけん化率は90％前後。まろやかな石けんにするために、油脂を少し残した仕上がりにしています。油脂を残すことで、洗い上がりもしっとりとした感触に。また、残した油脂（過剰油脂）の割合を「ディスカウント率」といいます。けん化率が90％ならば、ディスカウント率は10％ということになります。

Q3 石けんに食材や自然素材を加えるためには、どんな方法がありますか？

Answer

本書ではいくつかの方法を紹介しています。
1　苛性ソーダ水と油脂を混ぜてから、もしくはトレースが出てから加える（例：ヨーグルト、バナナなど）。
2　精製水を他の液体に代える（例：オートミルク、酒粕水など）。
3　精製水を食材や素材をペースト状にしたものに代える（例：柚子ペーストなど）。
4　浸出油を使う（例：5種類のハーブ、どくだみなど）。
石けんに使える食材や自然素材は他にもあるので、レシピに近い素材であれば、加え方を参考にして、ぜひオリジナルの石けんづくりに挑戦してみてください。ただし、2、3のように精製水の代わりに使用する場合は、苛性ソーダに直接素材が触れるためにアルカリが反応して温度が急上昇し、刺激臭が発生したり、あふれ出すことがあります。素材は使用する直前まで冷蔵庫で冷やしたり、シャーベット状にしたりしておくと、反応が少し和らぎます。はじめて使う自然素材がある場合は、精製水の一部だけ代えたほうが安全かもしれません。

Q4 なかなかトレースが出ない場合はどうしたらいいでしょうか？

本書のレシピでは、20〜60分でトレースが出るレシピとなっていますが、トレースが出るまでの時間は、レシピや季節、温度、道具、混ぜ方などによっても異なります。また、浸出油や精製水を代用したレシピは、トレースが早くなることが多くあります。

トレースを早く出す方法をいくつか紹介します。
●生地を湯せんにかけて温める（45℃前後）。
●アルコール度数の高いお酒（40度前後のジンやラム酒など）を少量加える。
●ハンドブレンダーを使用する。ただし、生地が飛び散る可能性があるので、注意して使用する。

Q5　保温中や保温を終えた石けんに、汗をかいたような水滴がついていますが、大丈夫でしょうか?

Answer　石けんは保温中の温度によって、使用した油脂や素材の成分が表面に出てくることがありますが、問題ありません。その場合は、ゴム手袋をして、ティッシュペーパー等でそっと拭き取ってください。

Q6　型入れ後はきれいに発色していたのに、保温が終了したら石けんが茶色くなってしまいました。なぜでしょう?

Answer　バナナや柚子など食材をそのまま入れた石けんは、保温中に生地の温度が高くなると、色が茶色くなることがあります。茶色に変化するのを防ぐには、低温での保温がおすすめです。その場合は、型に入れる前にしっかりとトレースを出し、型入れ後はタオルなどを巻かずに、そのまま室温もしくは涼しい場所で1週間ほど保温します。

Q7　保温が終了した石けんに白い粉がふいていますが、大丈夫でしょうか?

Answer　白い粉は「ソーダ灰」と呼ばれていますが、肌には影響ありません。型入れするときの生地の温度が低かった場合や使用する油脂、素材によって出る場合があります。寒い時期に石けんづくりをする場合は、生地を湯せんで温めたり、トレースをしっかり出したりしてから、型入れしましょう。見た目が気になるときは、スライサーで薄く削ったり、ソーダ灰が出ている部分だけ湯に数秒つけたりすると目立たなくなります。

Q8　乾燥中に変色してしまいました。変色させないコツはありますか?

Answer　自然素材の中には苛性ソーダと混ざることで変色したり、空気や日光に含まれる紫外線の影響で、時間の経過とともに退色したりします。熟成・乾燥中や保管時には、日の当たらない場所で保管するようにしましょう。クレイは変色や退色せず、見たままのやさしい色合いになります。

Q9　保管していた石けんに茶色いシミや水滴がついてぬるぬるしますが、大丈夫でしょうか?

Answer　手づくり石けんは、天然のグリセリンを多く含むため、空気中の水分を引き寄せ、水滴がついたり、ぬるぬるしたりする場合があります。湿気の多い夏などは特に注意して、日の当たらない風通しのよい乾燥した場所で保管してください。過剰油脂が酸化しはじめると、茶色いシミや酸化した臭い（油くさい）などがしてきます。使用しても問題ありませんが、気になる場合は掃除用石けんとして使いましょう。

Q10　石けんに香りをつけたいのですが、よい方法はありますか?

Answer　香りをつけるのにおすすめなのは精油（エッセンシャルオイル）です。精油は植物の花や葉、種子などの香り成分が凝縮されています。人工的に香りづけされた精油は「フレグランスオイル」「アロマオイル」という表記になっているので、購入するときは注意しましょう。P90の「香りを愉しむ石けん」では、精油を使ったレシピを紹介しているので、参考にしてみてください。また、精油を石けんに入れるときは、油脂と水分を合わせた量に対して、0.8％を目安にお好みで加減してください。本書のレシピでは、主に油脂250g＋水分75g＝325g、325g×0.008（0.8％）＝2.6となり単位は㎖としています。精油2.6㎖＝約小さじ1/2となります。精油は瓶から出る1滴を0.05㎖が概算基準とされているので、2.6㎖＝52滴となります。本書のレシピに精油を加える場合は、小さじ1/2もしくは52滴を目安に加減をしてください。

\ check! /

おすすめのお店

本書のレシピに掲載している素
材は、スーパーや薬局で購入でき
るものを中心に紹介しています
が、ここでは使用した器材や素材
を購入できるお店を紹介します。
近所のお店で希望の油脂が購入
できない場合でも、右記で紹介し
ているお店では販売されていた
り、ネットで購入できたりもする
のでおすすめです。

カフェ・ド・サボン

石けんの材料から道具まで、手づくり石けんに必要なものすべてが
揃うネットショップ。本書に掲載の型は、このお店のアクリルモー
ルドを使用。また油脂、クレイ、ドライハーブ、精油など品揃えが
豊富なので、はじめてさんにおすすめのお店です。
URL：https://www.cafe-de-savon.com/

いまじん

無添加・無農薬にこだわった材料や商品を扱う自然にやさしいネ
ットショップ。油脂、精油、色粉などの石けんの材料はもちろん、
手づくり化粧品の素材などバラエティに富んだ品揃えなので、手づ
くり石けんの愉しさを広げてくれるお店です。
URL：https://www.eco-imagine.com/

カルディコーヒーファーム

全国各地にある輸入食品を扱うお店。世界中から輸入した珍しい食
品やドライハーブ・スパイスなどを扱っていて、レッドパーム油、
アボカド油、マカダミアナッツ油など油脂も豊富。手づくり石けん
に使えそうな食品もたくさんあるので、見ているだけでワクワクす
るお店です。ネット販売もあり。
URL：https://www.kaldi.co.jp/

東急ハンズ新宿店

さまざまな生活用品や雑貨など幅広い商品を扱う専門店。各種ブラ
ンドの精油や手づくり化粧品の素材や容器などが豊富。石けんづく
りで必要な道具も揃えられます。一部商品はオンラインでも購入で
きます。
住所：東京都渋谷区千駄ヶ谷5-24-2タイムズスクエアビル2〜8F
URL：https://shinjuku.tokyu-hands.co.jp/
東急ハンズネットストア：https://hands.net/

薬局で購入できるもの

苛性ソーダ／精製水／ひまし油
※苛性ソーダを購入するときは、身分証明書と印鑑が必要です。使
　用目的を告げて購入しましょう。

「暮らしに役立つクラフトレシピ」の使用上の注意

●精油の1滴＝0.05㎖。
●使用する容器や道具類は、アルコールまたは熱湯消毒してから使用します。
●肌に合わないときは、すぐに使用を中止してください。
●保存料を使用していないため、保存方法や材料の状態などで使用できる期
　間が変わってきます。レシピの使用期限の目安を守り、最終的には自分の
　目や鼻で判断してください。

おわりに

　ただ好きでつくってきた石けん。お店でいろいろな素材を見ると、想像とワクワクが止まらず、こんな石けんつくろうかな、ラッピングはどうしようかなとか、どんどんアイデアが膨らんでいきます。こんなふうにつくってきた私の石けんが、本にまとまるなんて、考えてもみませんでした。

　この本をつくることが決まって、今までやってきたことに少しだけ自信を持つことができ、関わりあったたくさんの人、たくさんの出来事に改めて感謝するきっかけをいただきました。

　声をかけてくださった岩名由子さん、素材以上に美味しそうな写真を撮ってくださったカメラマンの漆戸美保さん、アシスタントの犬飼綾菜さん、デザイナーの田中真琴さん、イラストを描いてくださったTamyさん、力いっぱい取り組んでくださった制作の方々、本当にありがとうございます。感謝の気持ちでいっぱいです。

　そしてこの本を手にとってくださったすべての方が、自分らしさを織り交ぜて世界でたった一つの石けんを愉しんでつくってもらえたらうれしいです。

【著者紹介】

うた

石けん作家。手づくり石けん教室「うたたね」主宰。教室や講師活動を通して、季節を感じながら素材を愉しむ石けんづくりと簡単でかわいい石けんラッピングを伝えている。一般社団法人ハンドメイド石けん協会認定ジュニアソーパー、小幡有樹子先生の「石けん教室のための教室」を修了。

■デザイン　　　　　　田中真琴
■撮影　　　　　　　　漆戸美保
■撮影アシスタント　　犬飼綾菜
■イラスト　　　　　　Tamy
■校閲　　　　　　　　寺﨑直子

季節を愉しむ手づくり石けん

発行日	2021年　6月22日	第1版第1刷
	2021年 10月25日	第1版第2刷

著　者　うた

発行者　斉藤　和邦
発行所　株式会社　秀和システム
　　　　〒135-0016
　　　　東京都江東区東陽2-4-2　新宮ビル2F
　　　　Tel 03-6264-3105 (販売) Fax 03-6264-3094
印刷所　三松堂印刷株式会社　　　　Printed in Japan

ISBN978-4-7980-6431-4 C0077